Impressum:

Copyright © 2018 GRIN Verlag
Druck und Bindung: Books on Demand GmbH, Norderstedt Germany
ISBN: 9783668832060

Gabriel Ratschmann

Aus der Reihe: e-fellows.net stipendiaten-wissen

e-fellows.net (Hrsg.)

Band 2895

Wie beeinflussen Medien die Meinung der Allgemeinheit über den Klimawandel?

GRIN Verlag

Universität Regensburg

Fakultät für Biologie und Vorklinische Medizin

Lehrstuhl für die Didaktik der Biologie

Seminar: Naturwissenschaftliche Arbeitsweisen im Biologieunterricht:

Wissenschaftsverständnis

Sommersemester 2018

Wie beeinflussen Medien die Meinung der Allgemeinheit zum Thema Klimawandel?

Vorgelegt von:

Gabriel Ratschmann

Lehramt Gymnasium Biologie/Chemie

4. Fachsemester

Regensburg, den 05.09.2018

Inhaltsverzeichnis

2. Einleitung 3

3. Präsenz des Themas „Klimawandel" in den Medien 5

   3.1 Allgemeiner Einfluss von Medien bei der Meinungsbildung 5

   3.2 Print-Medien 7

   3.3 Fernsehen 8

   3.4 Internetmedien am Beispiel YouTube 10

4. Vorherrschende Meinungen in der Gesellschaft 13

   4.1 „Alarmisten" gegen „Leugner" 13

   4.2 Stärkerer Persönlichkeitsbezug durch „Näherkommen" des Klimawandels 16

   4.3 Abwägung der Konsequenzen 18

   4.4 Übersättigung des Themas 19

5. Zusammenfassung und Fazit 21

6. Literaturverzeichnis 25

1. Einleitung

Der Klimawandel, insbesondere der menschengemachte Klimawandel, ist ein Thema, welches in unserer Gesellschaft bereits seit Jahren präsent ist und vor allem seit Mitte der 2000er Jahre immer wieder heftig diskutiert wird. Nicht nur an Stammtischen wird das Thema in ganz Deutschland gerne zur Sprache gebracht und über Maßnahmen, sowie Konsequenzen gestritten. Immer häufiger werden große Klimagipfel auf der politischen Weltbühne abgehalten und Abkommen ausgehandelt. Mit der Partei „Bündnis 90/Die Grünen" sitzt eine politische Gruppe im deutschen Bundestag, die den Umweltschutz und den Kampf gegen den Klimawandel, als eines ihrer Hauptziele angeben, während beispielsweise die Bundestagsabgeordneten der „Alternative für Deutschland" eine strikte Gegenposition vertreten, was die Uneinigkeit in diesem Themenkomplex nicht nur in der Politik, sondern auch in der Gesellschaft deutlich macht.

Allen voran ist das Klima und der Klimawandel aber ein Thema der Wissenschaft und ein wichtige Rolle in der Wissenschaftskommunikation, welche wissenschaftliche Erkenntnisse der Allgemeinheit näherbringen und zum Diskurs anregen soll und somit die Brücke zwischen Wissenschaft und Gesellschaft darstellt, spielen Medien in unterschiedlichen Bereichen. Sowohl alteingesessene Medienformen, wie Print und TV, aber auch neuere Vertreter wie beispielsweise YouTube tragen zur Berichterstattung über den Klimawandel bei. Vor allem subjektive Beiträge, wie Kommentare und Leserbriefe in Zeitungen, Talkshows im Fernsehen oder eigene Stellungnahmen auf YouTube spiegeln persönliche Meinungen wider und beeinflussen somit auch in gewissem Maße die Meinung ihrer Leser, beziehungsweise Zuschauer.

Da ich das Thema Klimawandel an sich sehr bedeutsam und die Darstellung und Kommunikation darüber interessant finde und zudem der Bereich Wissenschaftskommunikation einen wichtigen Teilaspekt von Wissenschaftsverständnis darstellt, möchte ich nun im Folgenden die Unterschiede und Merkmale der Berichterstattung über diesen Themenkomplex

in verschiedenen Medien untersuchen, sowie die vorherrschenden Meinungen
in der Gesellschaft darstellen und analysieren.

2. Präsenz des Themas „Klimawandel" in den Medien

2.1 Allgemeiner Einfluss von Medien bei der Meinungsbildung

Bevor die drei zu betrachtenden Medienformen Print, Fernsehen und YouTube genauer analysiert und in Bezug zu dem Thema „Klimawandel" gesetzt werden, soll vorab ein kurzer Überblick über die wichtige Rolle gegeben werden, die Massenmedien bei der Meinungsbildung in der Gesellschaft spielen.

Laut Mikos (2007) stellen Medien eine gesellschaftliche Repräsentationsordnung dar und tragen zur Verständigung der Gesellschaft bei. Medien verkörpern eine gesellschaftliche Wirklichkeit, die zwar durch Pluralität gekennzeichnet ist und ein breites Angebot an Inhalten bietet, aber dennoch Trends setzt und Denkanstöße liefert, der ein breiter Teil der Masse folgt.

Massenmedien, so Jäckel (2012), besitzen eine gewisse Lenkkraft, die aus der auf Neugier beruhenden Dauerbeobachtung hervorgeht, die man ihnen zu Teil werden lässt. Der stärkste Einfluss auf die Konsumenten wird dann ausgeübt, wenn sich ein Großteil der medialen Kanäle in ihrem Inhalt einig sind. Dies hat dann zur Folge, dass die Meinung der Allgemeinheit mit der Zeit der von den Medien vorgegebenen Meinung nachgibt und stattdessen diese anerkennt. In einem solchen Fall ist eine deutlich asymmetrische Verteilung der Machtverhältnisse festzustellen. Diese Beeinflussung der Meinung findet allerdings oft nicht ohne die „Billigung des Publikums" (Jäckel, 2012, S. 26; vgl. Schulze, 1995) statt. Wichtig ist hierbei anzumerken, dass laut Taddicken und Neverla (2011) angenommen werden kann, dass mediale Beiträge speziell zum Thema Klimawandel die Mediennutzer weniger emotional berühren, sondern diese viel mehr mit Wissen zu diesem Thema versorgen. Die emotionale Bewertung und die Einordnung dieses erworbenen Wissens findet dann meist durch zwischenmenschliche Kommunikation statt. Das soziale und persönliche Umfeld von Individuen spielt bei der Meinungsbildung zum Thema Klimawandel also eine entscheidende Rolle.

Weiterhin erklärt Jäckel (2012), dass bei der Meinungsbildung, die von Medien ausgeht, oft so genannte „Meinungsführer" bei der Verbreitung der jeweiligen Ansicht eine wichtige Rolle spielen. Hierbei handelt es sich um Menschen, die sowohl überdurchschnittlich oft das Informationsangebot der Massenmedien nutzen, als auch in stärkeren Maße mit ihrem Umfeld über diese Themen sprechen und sie so beleben. So erfolgt die Weitergabe von Informationen über die Medien zu den Meinungsführern und über diese zu einem Großteil des Rests der Bevölkerung.

Wichtig ist hierbei anzumerken, dass, laut Jäckel (2012), zum Einen, Konsumenten in der Regel versuchen, unangenehme Informationen zu vermeiden und so bestimmte Informationen bewusst übergehen und zum Anderen, dass die beabsichtigte Wirkung einer getroffenen Aussage in den Medien verfehlt werden kann, wenn Konsumenten ein anderes Weltbild vertreten, beziehungsweise eine andere Wertvorstellung besitzen.

In Bezug auf das in dieser Arbeit zu analysierende Thema „Klimawandel", stellt Jäckel (2012) fest, dass es eine große Wahrscheinlichkeit besitzt, sich im gesellschaftlichen Verständnis zu verankern, da immer wieder neue Informationen zu diesem Thema geliefert werden und mehr ein ganzes Themengebiet anstatt eines einzelnen Ereignisses repräsentiert wird, was zu einer vielfältigen Möglichkeit des Diskurses führt.

Nach Brüggemann, Neverla, Hoppe und Walter (2018) fällt insgesamt bei der Berichterstattung über den Klimawandel auf, dass oft wissenschaftliche Ergebnisse vereinfacht und von der Wissenschaft als durchaus mit Unsicherheiten behaftete beschriebene Vorhersagen zu sicher eintreffenden Ereignissen gemacht werden. Dies führt zu einer Dramatisierung möglicher Konsequenzen des Klimawandels, wie sie in wissenschaftlichen Veröffentlichungen beschrieben werden.

Nach diesen im Allgemeineren gezeigten Möglichkeiten der Beeinflussung durch Medien, sollen nun im Folgenden die drei im Fokus stehenden Medienformen auf in ihrem Genre vertretenen Besonderheiten hin untersucht werden.

2.2 Print-Medien

Die Print-Medien spielen als klassische Medienform eine wichtige Rolle in der Klimadebatte. So schreiben Brüggemann et al. (2018) im Hamburger Klimabericht, dass die Zeitschrift „Der Spiegel" durch seine Titelseite des untergehenden Kölner Doms 1986 zu einer Intensivierung der Klimadiskussion führt, nachdem die Deutsche Physikalische Gesellschaft den Ausdruck „Klimakatastrophe" prägt. Dieser Diskurs wird auch heute noch geführt, wobei er Mitte der 2000er-Jahre noch einmal deutlich auflebt, was vor allem auf den vierten IPCC-Bericht, die Verleihung des Friedensnobelpreises an den IPCC und Al Gore, sowie die Klimakonferenz in Kyoto, alles im Jahr 2007, zurückzuführen ist (Brüggemann et al., 2018; Tereick, 2016).

Laut Tereick (2016) zeichnet sich die Berichterstattung der Printmedien über das Thema Klimawandel meist durch einen gewissen Grad an Vagheit und Unsicherheit aus, der sich durch den gesamten Diskurs zieht. So sind viele der in der Debatte typischen Begriffe polysem, wie zum Beispiel „Klimaleugner", was entweder eine Person bezeichnen kann, die die globale Erwärmung konsequent abstreitet, oder aber eine Person, die zwar die Idee der globalen Erwärmung akzeptiert, aber keine Maßnahmen dagegen für nötig hält. Diese Mehrdeutigkeit der häufig verwendeten Begrifflichkeiten führt dazu, dass Aussagen auf andere Art und Weise interpretiert werden können, als sie vom Autor angedacht sind. Ein weiterer Teil dieser Vagheit zeichnet sich durch die Verwendung des Unheil verkündenden und doch zeitlich ungenauen Begriffs „noch" aus. Oft, so stellt Tereick (2016) fest, verwenden Autoren das Wort „noch", um Szenarien zu implizieren, ohne diese mit Fakten untermauern zu müssen. Als Beispiel wird an dieser Stelle der Satz: „Vor der Küste Floridas tummeln sich <u>noch</u> Delfine" (Tereick, 2016, Beleg 45) genannt.

Außerdem wird die öffentliche Wahrnehmung bezüglich der Verteilung der beiden vorherrschenden Positionen – Klimawandel-Position und Klimaskeptiker-Position – insofern verzerrt, da von den Journalisten nach der „Norm einer ausgewogenen Berichterstattung" Wert darauf gelegt wird, beide Seiten etwa in gleichem Maße zu repräsentieren. Dies führt dazu, dass die beiden Positionen als gleichwertig und gleichhäufig in der Gesellschaft und Wissenschaft vertreten betrachtet werden, wobei es dadurch oft nicht zu einer neutralen Darstellungsweise kommt, sondern zu einer Stärkung der Position der Klimaskeptiker. Dieses Prinzip von „balance as bias", wie von Boykoff und Boykoff (2004) beschrieben, wird nicht nur, aber vor allem in den Printmedien beobachtet (Brüggemann et al., 2018; Tereick, 2016).

Weiterhin stellt Tereick (2016) fest, dass in in Print-Medien veröffentlichten Beiträgen meist keine Extrempositionen vertreten werden. Stattdessen finden sich moderatere Stellungnahmen. In der Regel wird in der Debatte bereits von einem menschengemachten Klimawandel als Konsens ausgegangen und der eigentliche Diskurs findet anhand der Frage statt, ob der Klimawandel verhindert werden muss oder nicht. Die Argumentation in den Artikeln wird jedoch normalerweise gegen die, eher in geringem Maße vorliegende, Extremposition der jeweils anderen Seite. Eine Ausnahme von dieser Beobachtung stellen Leserbriefe dar, die aufgrund ihres partizipatorischen Charakters auch Extrempositionen vertreten können. Insgesamt wird deutlich, dass der Diskurs zum Klimawandel in den Printmedien gediegener geführt wird, als beispielsweise auf der Internetplattform YouTube, was zu einem späteren Zeitpunkt beleuchtet werden soll.

Interessanterweise zeigen Arlt, Hoppe und Wolling (2010), dass die Nutzung wöchentlicher Printmedien in Bezug auf das Thema Klimawandel sogar einen leicht negativen Effekt auf das Problembewusstsein der Konsumenten hat. Ebenso stellen sie aber fest, dass der Gebrauch von Printmedien und auch öffentlich-rechtlicher Nachrichtensendungen und Onlinemedien einen positiven Einfluss auf die Bereitschaft hat, sich für den Klimaschutz zu engagieren.

2.3 <u>Fernsehen</u>

Mikos (2007) beschreibt das Fernsehen als „Leitmedium der Gesellschaft" (Mikos, 2007, S 45). Durch seine hohe Verbreitung und Verfügbarkeit in der Gesellschaft stellt es das zurzeit wichtigste Massenmedium dar. Es zeigt die

„sozialen Lagen und die sozialstrukturellen Verhältnisse der Gesellschaft" (Mikos, 2007, S. 45) und stellt einen wichtigen Aspekt der politischen Meinungsbildung dar. Diese wird nicht nur von Nachrichtensendungen, sondern auch von Unterhaltungssendungen beeinflusst, wie Krimis, Reality-TV und ähnlichem. Das Fernsehen ist laut Mikos „Bestandteil der symbolischen Ordnung einer Gesellschaft" (Mikos, 2007, S. 49), wobei es sich in seinen Inhalten nicht durch eine feste Weltanschauung, sondern durch Pluralität auszeichnet.

Weiterhin schreibt Mikos (2007), dass die Nutzung von Fernsehen dazu führt, dass sich die Zuschauer Wissen aneignen und anhand von diesem Wissen eine Einordnung der Individuen in soziale Gruppen möglich wird.

Im Medium TV wird die Berichterstattung zum Thema Klimawandel bevorzugt mit der Darstellung von Katastrophenextremen geführt. Das hat zum Einen den Grund, dass Naturkatastrophen einen hohen Sensationswert bieten und so die Aufmerksamkeit des Publikums gebunden werden kann, zum Anderen werden diese Bilder aber auch als Appell an die Zuschauer genutzt, diese drohenden Katastrophen zu verhindern, auch deshalb, weil oft betont wird, dass nicht mehr viel Zeit bis zur bevorstehenden Katastrophe verbleibt (Tereick, 2016).

Wie in einem Medium wie dem Fernsehen, oder auch der Videoplattform YouTube, zu erwarten, herrscht häufig eine komplementäre Beziehung von Bildmaterial und Sprache vor, in der sich die beiden Komponenten gegenseitig zu einem sinnvollen Beitrag ergänzen. Oft wird hierbei mit bekannten stereotypischen Abbildungen als Metonymien gearbeitet, wie beispielsweise Windräder für erneuerbare Energien oder Schlote für Klimasünder. Eher selten wird eine vollständige Synonymität zwischen Sprache und Bild beobachtet (Tereick, 2016).

Auf der inhaltlichen Ebene der Berichterstattung über den Klimawandel stellt Tereick (2016) fest, dass in deutschen Medien eher selten auf die Position der Klimaskeptiker, welche im Fernsehen, wie auch schon bei den Printmedien beobachtet, eher keine Extrempositionen vertreten, als „zugehörig zur eigenen Diskursgemeinschaft" eingegangen wird. Stattdessen findet häufig eine

Schuldzuweisung an „Klimasünder", wie etwa die USA und China statt, wobei gleichzeitig eine Unfähigkeit der Politik dargestellt wird, sich auf eine Lösung für das Problem des Klimawandels zu einigen. Insgesamt wird in den meisten Sendungen eher die politische Verantwortung in dieser Frage hervorgehoben. Die individuelle Verantwortung wird, wenn dann, auf sprachlicher Ebene zur Geltung gebracht, während aber das zugehörige Bild eine politische Verantwortung betont, was als Eingeständnis dafür gedeutet werden kann, dass man sich der Eigenverantwortung in diesem Thema zwar durchaus bewusst ist, es aber letztendlich doch komfortabler ist, andere sich um dieses Problem kümmern zu lassen.

Eine interessante Feststellung von Arlt et al. (2010) in diesem Zusammenhang ist, dass die Nutzung von öffentlich-rechtlichen Nachrichtensendungen bei den Konsumenten zu einem stärkeren klimabezogenen Problembewusstsein führt, als der Konsum privater oder gar keiner Nachrichtensendungen.

2.4   Internetmedien am Beispiel YouTube

Das Medium YouTube, als Vertreter der modernen Internetmedien, hebt sich von den zuvor besprochenen klassischen Medien Print und Fernsehen besonders dadurch ab, dass es einen weitaus geringeren Gate-Keeping-Effekt gibt, also das Filtern und Aussortieren von Informationen, die die Öffentlichkeit letztlich erreichen, durch die Medien. Diese geringere Kontrolle durch die Videoplattform selbst hat zur Folge, dass auf YouTube, im Gegensatz zum TV und in Zeitschriften, häufig Extrempositionen zu finden sind, die zum Thema Klimawandel vertreten werden, wobei Anti-Mainstream Positionen einen vergleichsweise großen Raum einnehmen (Tereick, 2016).

Eine weitere Besonderheit, die YouTube als Internetmedium von den klassischen Medien abgrenzt, ist der hohe Grad an Partizipation, der durch die Möglichkeit, Kommentare unter jedem Video zu verfassen, gegeben wird. Dadurch können die Mediennutzer aktiv am Diskurs teilnehmen und auf die Inhalte des jeweiligen Videos eingehen. Die Kommunikation auf dieser

Plattform läuft also weniger einseitig vom Produzenten zum Konsumenten ab, so wie es im Fernsehen und in Print-Medien der Fall ist, sondern es kann sich eine ausgeglichene Diskussion etablieren (Tereick, 2016). Dies in Kombination mit der Möglichkeit, auch unpopuläre Positionen zu veröffentlichen, führt dazu, dass diese Ansichten nicht einfach getrennt voneinander hochgeladen werden, sondern dass die Vertreter der jeweiligen Positionen aktiv versuchen, ihre Meinung durchzusetzen (Tereick, 2011).

Allgemein wird die Frage um den Klimawandel auf YouTube deutlich aggressiver diskutiert, als in den klassischen Medien. So kommt es laut Tereick (2016) zum Beispiel vor, dass Videos der einen Position von Vertretern der anderen Position für sich beansprucht und mit anderem Titel, so dass die neue Positionierung klar wird, neu hochgeladen wird. In der Regel wird diese Methode von Anhängern der Klimaskeptiker-Position benutzt, um die Aufmerksamkeit der relativ großen Gruppe der Klimaschutz-Position auf sich zu ziehen und in deren Diskursraum einzudringen, um seine eigene Meinung populärer zu machen. Im Gegensatz zu den klassischen Medien, die die Minderheitenmeinung der Klimaskeptiker-Position als außerhalb des Diskursraums darstellen, sprechen die Vertreter beider Seiten die jeweilige Opposition direkt an und fordern sie dazu auf, ihre Meinung zu ändern. Weiterhin, so stellt Tereick (2016) fest, dass die Kommentarkultur auf YouTube einige Besonderheiten aufweist, so kann dem Gegenüber zum Beispiel vorgeworfen werden, dass dieser mehrere Accounts besitze und so die quantitative Stärke seiner Position nur vortäuscht. Auch der Vorwurf, ein Troll, also ein Nutzer, der kein Interesse an einer vernünftigen Diskussion hat, zu sein, wird des Öfteren beobachtet, der die Qualität der Beiträge des Beschuldigten als minderwertig darstellen soll.

Bezüglich des Inhalts der Beiträge auf YouTube sind, wie bereits erwähnt, regelmäßig Extrempositionen zu finden, die so nicht in den klassischen Medien auftauchen. So lassen sich häufig Kommentare von Anhängern der Klimaskeptiker-Position beobachten, die die Klimawandeldebatte als Verschwörung der Regierung auffassen und die klassischen Medien, allen voran das Fernsehen als Propagandamaschinerie ansehen. Oft wird dabei auch ein Bezug zu anderen Verschwörungstheorien hergestellt. Interessanterweise ist aber der Klimawandeldiskurs insgesamt, so wie er derzeit auf YouTube geführt wird, nicht ohne die klassischen Medien denkbar, da sowohl Informationen, als auch Bildmaterial von diesen zum Teil übernommen oder zumindest inspiriert werden, so Tereick (2016).

Auf Seiten der Klimaschutz-Position sind vor allem Beiträge von NGOs, wie beispielsweise Greenpeace, interessant. Diese vertreten häufig die Extremposition, dass jeder individuell für den Klimawandel verantwortlich sei. Oft wird dabei an die Zuschauer appelliert, ihre Macht als Konsumenten gegenüber den Großkonzernen zu nutzen und damit zu einer Wende beizutragen. Auch bildsprachlich wird ein direkter Bezug zwischen Handlung und einer infolge dessen Auswirkung auf den Klimawandel hergestellt, was einen starken Kontrast zur Bildsprache im Fernsehen darstellt, bei der vor allem die Politik, sowie die Industrie und die Massen als Verantwortliche für den Klimawandel dargestellt werden, wohingegen bei diesen Beiträgen die Zuschauer direkt angesprochen werden (Tereick, 2016).

3. Vorherrschende Meinungen in der Gesellschaft

Nach der Betrachtung der unterschiedlichen Berichterstattung über den Klimawandel in den drei ausgewählten Medienformen sollen nun im Folgenden die beiden in diesem Diskurs auftauchenden Positionen und ihr Auftreten der anderen Seite gegenüber betrachtet werden.

3.1 „Alarmisten" gegen „Leugner"

In der Debatte um den Klimawandel werden in der Regel zwei Gruppierungen unterschieden. Auf der einen Seite gibt es die Vertreter der Klimaschützer-Position und ihr gegenüber stehen die Anhänger Klimaskeptiker-Position. Klimaschützer erkennen die anthropogenen Ursachen des Klimawandels an, glauben also, dass dieser menschengemacht ist, und sind der Meinung, dass Klimaschutzmaßnahmen getroffen werden müssen. Der Großteil der Klimaskeptiker hingegen erkennt zwar ebenfalls an, dass der Klimawandel menschengemacht ist, hält jedoch Klimaschutzmaßnahmen nicht für nötig beziehungsweise sinnvoll, sondern spricht sich stattdessen dafür aus, sich ihrer Meinung nach dringenderen Problemen zu widmen. Innerhalb der Gruppe der Klimaskeptiker werden allerdings auch andere Meinungen vertreten. So verneinen manche die bloße Existenz eines Klimawandels, andere glauben zwar an einen Klimawandel, sehen den Menschen allerdings nicht als Verursacher des selbigen. Dabei werden im Zusammenhang auch oft Zweifel an den Ergebnissen der Wissenschaft geäußert. Die Vereinfachung von wissenschaftlichen Erkenntnissen in der medialen Berichterstattung, wie in Punkt 2.1 beschrieben, stellt eine Form von missglückter Wissenschaftskommunikation dar. Aufgrund der fehlenden Kontextualisierung kommt es zu unterschiedlichen Interpretationen von wissenschaftlichen Aussagen, was zu sich widersprechenden Artikeln führt. Das hat eine Stärkung der Klimaskeptiker-Position zur Folge (Brunnengräber, 2013; Brüggemann et al., 2018; Tereick, 2016).

Natürlich gibt es in beiden Lagern Anhänger, die eine extremere Position vertreten, allerdings ist anzunehmen, dass die weiter oben genannten gediegeneren Positionen die Mehrheit ausmachen (Brunnengräber, 2013; Tereick, 2016).

Bezüglich der Größe der beiden Meinungsgemeinschaften ist festzustellen, dass die Position der Klimaskeptiker in der Wissenschaft nur als Minderheitenmeinung vertreten und das Wissen um einen menschengemachten Klimawandel als Konsens in der wissenschaftlichen Diskussion vorliegt. In den Medien ist die Klimaschützer-Position ebenfalls dominant vertreten, wobei nach dem Prinzip „balance as bias", wie bereits in Punkt 2.2 erwähnt, durch eine gleichmäßige Verteilung von Beiträgen, die eine Klimaschützer- beziehungsweise eine Klimaskeptiker-Position vertreten, eine Verzerrung der eigentlichen Meinungsverhältnisse eintreten kann, was sich vor allem in den Print-Medien beobachten lässt. Im Medium YouTube hingegen ist durch die geringere Filterung und Kontrolle ein verhältnismäßig großer Anteil an klimaskeptischen Beiträgen zu finden (Brüggemann et al., 2018; Tereick, 2016).

Betrachtet man, wie die beiden Seiten von der jeweiligen Opposition in den Medien bezeichnet werden, so lässt sich eine Politisierung der Klimadebatte feststellen. Lembcke (2012) beschreibt, dass durch Zweifel an den Motiven der Wissenschaft deren Authentizität gefährdet ist, was zur Folge hat, dass sich neben der wissenschaftlichen Klimadiskussion eine andere Diskussion zum Klimawandel mit einer gewissen Eigendynamik entwickelt, die nicht auf der Wissenschaft basiert. Beide Seiten werfen sich vor, in ein ideologisches Denken zu verfallen, anstatt eine vernünftige Diskussion zu führen, wodurch eine eher festgefahrene Situation entsteht. Gerade von Seiten der Klimaskeptiker wird dabei eine Zensur ihrer Meinung beklagt, sei es durch private Nutzer auf YouTube, durch das Peer-Review-Verfahren in Fachzeitschriften, wegen der die Veröffentlichung eines klimaskeptischen Artikels abgelehnt wird, oder aber durch die Regierung selbst, welche ihrer Meinung nach die Massenmedien für eine Gehirnwäsche der Bevölkerung benutzt, um ihre Macht zusammen mit den Umweltlobbys auszuweiten. Diese Verschwörungstheorien sind gerade auf YouTube, aber in abgeschwächter Form auch in den Print-Medien in Form von Leserbriefen, oder im Fernsehen in Talkshows anzutreffen. Durch die Möglichkeit der unmittelbaren Diskussion untereinander, welche die Plattform YouTube bietet, wird die Seite der Klimaschützer oft auch dazu aufgefordert, die Manipulation im Auftrag der Regierung zu erkennen und sich zur Wehr zu setzen, wobei nicht selten auch auf andere populäre Verschwörungstheorien, wie etwa die „BRD GmbH" (Tereick, 2016, Beleg 261) verwiesen wird (Brunnengräber, 2013; Tereick, 2016).

Obwohl ein Teil der Klimaskeptiker die wissenschaftlichen Erkenntnisse des Weltklimarats IPCC und anderer Klimawissenschaftler als Lügen von der Hand weisen, berufen sich beide Seiten auf die Richtigkeit ihrer Überzeugungen und sehen diese als wissenschaftlich belegt an. Die Vertreter der Klimaschutz-Position belegen ihre Gültigkeit in der Regel damit, dass ihre Überzeugung des Bestehens eines menschengemachten Klimawandels sowohl vom Großteil der Wissenschaftler, als auch von einer Mehrheit in der Gesellschaft als Konsens angesehen wird. Sie argumentieren also sowohl mit einem Quantitäts- als auch Qualitätsaspekt ihrer Position. Dem gegenüber verweisen Klimaskeptiker oft auf einige wenige Klimaforscher, die ihre Position in der Wissenschaft vertreten und stellen diese dann als diejenigen dar, die mutig genug sind, sich gegen die Unterdrückung und der Zensur der Organisationen und der Regierung zu stellen, die der Öffentlichkeit die Wahrheit vorenthalten wollen. Gleichzeitig wird von Klimaskeptikern die Unsicherheit wissenschaftlicher Aussagen betont und stützen ihre Überzeugungen darauf, dass die Veröffentlichungen, beispielsweise des Weltklimarats IPCC, die Folgen des Klimawandels nicht mit Bestimmtheit vorhersagen können und dass keine Modelle alle zu berücksichtigenden Faktoren präzise genug einbinden könnten, so dass Zukunftsaussichten unsicher werden und man sich nicht mehr auf sie verlassen kann. Beide Seiten liefern sich also einen semantischen Kampf um die Verwendung des Begriffs Wissenschaft und wollen ihre Position als wissenschaftlich belegt verstehen, während die gegnerische Seite gern als Spinner abgetan wird (Brunnengräber, 2013; Tereick, 2016).

3.2 Stärkerer Persönlichkeitsbezug durch „Näherkommen" des Klimawandels

Ein weiterer interessanter Punkt bei der Betrachtung der öffentlichen und medial vermittelten Einstellung zum Thema Klimawandel ist, neben der allgemeinen Darstellung der beiden Positionen in der Debatte, die Analyse des Persönlichkeitsbezugs zu diesem Thema in Zusammenhang mit der Verantwortungs- und Handlungsbereitschaft, etwas gegen den Klimawandel zu unternehmen.

Tereick (2016) stellt fest, dass im Gegensatz zur Darstellung der Folgen des Klimawandels in der Ferne, beispielsweise für Länder in der Dritten Welt oder kleinere Inselstaaten, eine Aussicht auf lokale Folgen, zum Beispiel die Bedrohung einer deutschen Stadt, die von den Medien vermittelte Handlungsbereitschaft der Mediennutzer erhöht, da auch eine stärkere persönliche Betroffenheit in der Bevölkerung vorliegt und ein unmittelbarer Handlungsbedarf vermittelt wird. Passend dazu schreiben Taddicken und Neverla (2011), dass eine stärkere Betroffenheit bei Mediennutzern dazu führt, dass diese sowohl mehr und gezielter mediale Beiträge zum Thema Klimawandel nutzen und ihr Wissen in diesem Bereich erweitern, als auch zu einem positiven Beitrag zum Problembewusstsein, sowie zur Erhöhung der Handlungs- und Verantwortungsbereitschaft der Rezipienten.

Weiterhin schreibt Tereick (2016), dass eine Lokalisierung des Klimawandels, um die Handlungsbereitschaft zu erhöhen, nicht nur aus räumlichen, sondern auch aus zeitlichen Gesichtspunkten geschehen kann, es erfolgt also eine Aktualisierung. Zu diesem Zweck können unter anderem Zukunftsvisionen verwendet werden, so wird zum Beispiel in einem Artikel der *Süddeutschen Zeitung* von der größten „Insel an der überfluteten Nordseeküste, Hamburg" (Tereick, 2016, Beleg 112) gesprochen. Hier wird der Klimawandel sowohl aus räumlicher, als auch zeitlicher Sicht näher geholt, womit der Handlungsdrang der Mediennutzer erhöht werden soll. Neben vergleichsweise wenigen Zukunftsszenarien, die man in den Print-Medien findet, bedient sich vor allem das Fernsehen an der Darstellung solcher Visionen. Häufig wird hierbei ein

Zeitraum von 25 – 30 Jahren beleuchtet, was ungefähr einer Generation entspricht. Gerade dieser Verweis auf die Kinder und Enkel, also die Nachkommen der momentan bestimmenden Generation, wird gerne gebracht, um die Verantwortung ebendieser gegenüber kommenden Generationen zu betonen, die sonst durch die Fahrlässigkeit der jetzigen Erwachsenen unverschuldet in Not geraten können. Tereick (2016) stellt in diesem Bezug eine Familiarisierung des Themas ab Mitte der 2000er Jahre fest.

Neben der persönlichen Betroffenheit der Mediennutzer, die durch eine nahe Lokalisierung des Klimawandels erzeugt wird, beschreibt Tereick (2016) auch den häufigen Verweis auf die persönliche Verantwortung jedes Einzelnen, der durch einen umweltbewussten Lebensstil dazu angehalten ist, etwas gegen den Klimawandel zu unternehmen. Sowohl bei dem Erwecken persönlicher Betroffenheit, als auch bei der Betonung individueller Verantwortung wird in den Medien verstärkt mit Metaphern und Metonymien gearbeitet. So wird beispielsweise auf den „persönlichen CO_2-Fußabdruck" (Tereick, 2016, Beleg 97) oder auf den Klimawandel, der „direkt vor der eigenen Haustür steht" (Tereick, 2016, Beleg 95), verwiesen. Neben der direkten Nähe des Klimawandels, kann auch die Erzeugung von Mitgefühl für die Betroffenen in fernen Ländern zum Appell an die persönliche Verantwortung genutzt werden. Tereick (2016) stellt die These der individuellen Verantwortung bezüglich des Klimaschutzes vermehrt ab Mitte der 2000er Jahre fest. Es wird ab dieser Zeit als erstrebenswerte Leistung betrachtet, sich persönlich für den Klimaschutz einzusetzen. Diese Betonung der individuellen Verantwortung findet sich eher in den Print-Medien und auf YouTube, weniger im Fernsehen, wo stattdessen vermehrt die Politik, die Industrie und die Masse als für den Klimawandel verantwortlich dargestellt wird, wie oben bereits beschrieben. Als Reaktion dieser vermehrten Aufforderung findet Tereick (2016) aber auch durchaus kritische Stimmen, welche eine zu starke Kontrolle ihrer Lebensweise durch den Staat und einen Einschnitt in ihrer Lebensqualität befürchten.

3.3 <u>Abwägung der Konsequenzen</u>

Die Frage nach klimaschützenden Verhalten oder dem Erhalt der eigenen Lebensqualität zieht laut Tereick (2016) eine Diskussion darüber nach sich, ob der Klimawandel überhaupt schlecht für die Gesellschaft ist, oder ob man ihm nicht sogar etwas Gutes abgewinnen könnte. Dabei finden sich vereinzelt Beiträge, die die positiven Auswirkung propagieren, die der Klimawandel beispielsweise auf die deutsche Wirtschaft hätte, oder zumindest keine negativen Konsequenzen nach sich ziehen würde. Viel häufiger allerdings wird die Position des positiven Klimawandels in humoristischer Form betrachtet. Gerade auf YouTube werden viele Videos zu diesem Thema in einem ironischen Kontext dargestellt. So wird zum Beispiel in einem Beitrag von Osnabrück als Hafenstadt mit Palmenstrand berichtet. Unter diesen Videos finden sich interessanterweise häufig auch Kommentare von Klimaskeptikern, welche Klimaschutzmaßnahmen ablehnen, die die Botschaft dieser Beiträge missverstehen und als Unterstützung für ihre Position interpretieren (Tereick, 2016).

Die Mehrheit ist in dieser Debatte, wie zu erwarten, aber eher von negativen Konsequenzen des Klimawandels überzeugt, so Tereick (2016). Hier wird mehr die Frage danach gestellt, ob es Sinn macht Klimaschutzmaßnahmen durchzuführen, oder ob sich der Mensch nicht stattdessen an die durch den Klimawandel gebrachten Veränderungen anpassen sollte. Letztere Position wird in der Regel zum Einen von Menschen vertreten, die zuversichtlich gegenüber des menschlichen Intellekts sind und an den Einfallsreichtum des Menschen glauben, die Klimaschutzmaßnahmen gleichzeitig eher skeptisch gegenüberstehen, und zum Anderen von Menschen, die Klimaschutzmaßnahmen zwar befürworten, aber davon ausgehen, dass sich der Klimawandel und dessen Folgen dadurch nicht mehr vollständig abwenden lassen.

3.4 Übersättigung des Themas

Eine Folge der starken Präsenz des Themas Klimawandel in den Medien und besonders der andauernden Annährung des Themas und auch der ständigen Betonung der individuellen Verantwortung, wie oben dargestellt, ist laut Tereick (2016), dass es bei den Nutzern zu einer Art Übersättigungseffekt kommt. Die Thematisierung des Klimawandels wird von manchen Konsumenten als zu persönlich empfunden. Gerade die Herstellung einer Verbindung von alltäglichen Handlungen, wie etwa der Benutzung des Autos, mit dem örtlichen Wetter in Zusammenhang mit dem Appell an das gute Gewissen, kann für Unmut sorgen.

Kuhlmann, Schumann und Wolling (2014) beschreiben dieses Phänomen der laut ihnen in der Gesellschaft weit verbreiteten Themenverdrossenheit, in das auch das Thema Klimawandel fallen kann, als negative Einstellung gegenüber einem Thema nach einer gewissen Zeit, in der sich mit diesem Thema unter Umständen sogar umfassend in den Medien befasst worden ist, die sich dadurch zeigen kann, dass die Mediennutzer Beiträge zu diesem Thema bewusst vermeiden und so versuchen, dem Thema aus dem Weg zu gehen. Themenverdrossenheit wird allerdings nur längerfristig bei Menschen festgestellt, die sich trotz ihrer Abneigung zu diesem Thema immer noch damit befassen. Diese Beobachtung kann unter anderem davon herrühren, dass das Thema mit einer gewissen Omnipräsenz in den Medien vertreten ist, wodurch man mit diesem Thema konfrontiert wird, obwohl man versucht, ihm aus dem Weg zu gehen. So zum Beispiel beim Thema Klimawandel, was eine mögliche Erklärung für die von Tereick (2016) beobachtete Übersättigung sein kann.

Auf eine andere Art und Weise erfährt das Thema eine Form der Übersättigung durch die erfahrene Politisierung. Bechmann und Beck (1997) verweisen hierbei auf das Durchlaufen eines sogenannten „issue-attention-cycles", der ein Muster beschreibt, mit dem ökologische Themen politisiert werden können. Bei der Diskussion um den Klimawandel wird der Eintritt in die sogenannte „symbolische Politik" (Bechmann und Beck, 1997, S. 125; vgl. Edelman, 1988), was die letzte Phase eines issue-attention-cycles darstellt, im Jahr 1995 festgestellt. Das Problem des Klimawandels wird hierbei lediglich zu einer Art Prestigeobjekt, mit dem sich jede Partei befassen will und dessen Lösung angestrebt wird, wobei sich die Vorstellungen über die richtigen Maßnahmen in dieser Frage jedoch stark unterscheiden. Das Thema steht in der Politik in der Öffentlichkeit, allerdings ist es sehr unwahrscheinlich, dass in dieser Debatte politisch noch relevante und konstruktive Entscheidungen getroffen werden. Dieses Nachlassen der Aussagekraft des Themas in der Politik unterstützt auch den von Tereick (2016) verwendeten Topos der politischen Unfähigkeit, nach dem die Bürger von der Politik in diesem Thema keine Lösung erwarten können und deshalb selbst Maßnahmen ergreifen müssen. Verbindet man diese Feststellung mit dem zuvor dargelegten Unmut durch eben diese übermäßige Betonung der persönlichen Verantwortung, kann man vermuten, dass das Thema Klimawandel zumindest teilweise einen Übersättigungseffekt sowohl in der Gesellschaft, als auch in der Politik erfährt.

4. <u>Zusammenfassung und Fazit</u>

Die Massenmedien besitzen eine, wie oben dargelegt, nicht zu vernachlässigende Macht, mit der sie die Meinung ihrer Nutzer beeinflussen können und spielen so eine wichtige Rolle bei der Meinungsbildung, so auch in der Klimadebatte. Gleichzeitig darf man aber auch nicht außer Acht lassen, dass Medienkonsum nicht alleine für die Meinung eines Individuums verantwortlich ist. Auch andere Faktoren, wie beispielsweise persönliche Wertvorstellungen, das individuelle soziale Umfeld einer Person oder das Auftreten von Meinungsführern spielen eine wichtige Rolle.

Die zu analysierenden Medien, Print, Fernsehen und YouTube, spiegeln sowohl klassische Massenmedien, als auch moderne Medien wider. Die Betrachtung der Berichterstattung über den Klimawandel in den Print-Medien zeigt, dass in diesen vergleichsweise wenige Extrempositionen zu diesem Thema zu finden sind, außer vielleicht in Leserbriefen, die extremere Positionen, als in den regulären Artikeln beinhalten können. Vor allem in den Print-Medien und im Fernsehen liegt die Annahme eines anthropogenen Klimawandels größtenteils als Konsens vor. Weiterhin sind Artikel zum Thema Klimawandel aufgrund der Verwendung mehrdeutiger Begriffe tendenziell durch eine gewisse Vagheit gekennzeichnet. Außerdem ergibt sich in den Print-Medien das Problem, dass durch die Veröffentlichung von Artikeln nach dem Prinzip „balance as bias", also der gleichmäßigen Verteilung klimabefürwortender und klimaskeptischer Beiträge, ein falsches Bild über die tatsächliche Meinungsverteilung in der Wissenschaft und der Gesellschaft entstehen kann.

Das Fernsehen als wichtigstes Massenmedium unserer Gesellschaft spielt bei der Berichterstattung über den Klimawandel natürlich eine zentrale Rolle. Wie auch in den Print-Medien werden hier eher keine Extrempositionen vertreten. Es lässt sich eine Politisierung des Themas erkennen, bei der häufig Schuldzuweisungen an die USA und China aufgrund ihrer Umweltverschmutzung gemacht werden. Zudem finden sich im Fernsehen nur äußerst selten Verweise auf eine persönliche Verantwortung der Zuschauer. Viel häufiger werden die Menschen als Masse, die Industrie und die Politik als die Verantwortlichen dargestellt, was in diesem Punkt das Fernsehen von den Print-Medien und YouTube unterscheidet. Diese Implikationen werden durch konkrete Verwendung einer passenden Bildsprache unterstützt.

YouTube als Vertreter moderner Internetmedien grenzt sich vor allem von den klassischen Medien durch sein partizipatorisches Potential durch die Kommentarfunktion, womit eine aktive Diskussion unter einem Video möglich wird, und seinen sehr geringen Gate-Keeping-Effekt, welcher auch die Veröffentlichung unpopulärer Meinungen zulässt, ab. Auf dieser Plattform finden sich, gerade aufgrund der geringeren Kontrolle, deutlich mehr Beiträge, die Extrempositionen beziehen, im Gegensatz zu den beiden anderen betrachteten Medienformen. Dies hat zur Folge, dass auf YouTube eine viel aggressivere Diskussion geführt wird, in der die Beteiligten ihre Gegner mit verschiedensten Mitteln von der Richtigkeit ihrer Position überzeugen wollen, ganz anders als in den klassischen Medien, in denen die gegnerische Position, bis auf Ausnahmefällen, wie beispielsweise Talkshows im Fernsehen, in der Regel außen vor gelassen wird. Außerdem ist gerade auf YouTube der Anteil an extremen Klimaskeptikern erhöht. Bei diesen wird zudem oft der Herstellung zwischen der von ihnen geglaubten Klimaverschwörung und anderen Verschwörungstheorien beobachtet.

Bei der Betrachtung der vertretenen Positionen in der Klimadebatte lassen sich zwei größere Gruppen erkennen. Zum einen die Klimaschützer-Gruppe, die den anthropogenen Klimawandel anerkennt und sich für Klimaschutzmaßnahmen ausspricht und zum anderen die Klimaskeptiker-Gruppe, deren Großteil zwar ebenfalls von einem menschengemachten Klimawandel ausgeht, allerdings Klimaschutzmaßnahmen für unnötig hält. Gerade zu letzterer Position gehören noch viele andere Anhänger, die durchaus noch extremere Meinungen vertreten, wie unter anderem auch die auf YouTube beobachteten Verschwörungstheoretiker, welche Zweifel am Staat und der Wissenschaft kundtun und die Medien als Propagandamaschine der Regierung ansehen. Beide Seiten stützen sich zur Rechtfertigung ihrer Position auf die Wissenschaft. Die Klimaschutz-Position beruft sich auf den in der Wissenschaft vertretenen Konsens, der ihre Meinung unterstützt, die Klimaskeptiker-Position hingegen zitiert die wenigen Wissenschaftler, die eine klimaskeptische Haltung vertreten und interpretieren diese als die mutigen Pioniere, welche sich gegen das System stellen und die Wahrheit sagen.

Eine bei der Berichterstattung zur Klimadebatte häufiger auftretende Besonderheit, ist die Darstellung eines „näherkommenden" Klimawandels entweder in räumlicher, also durch eine Lokalisierung, oder in zeitlicher Hinsicht, also durch Zukunftsvisionen und -szenarien, durch die eine persönliche Betroffenheit geweckt werden und die Handlungsbereitschaft der Mediennutzer erhöht werden soll. Gerade auch der Verweis auf mögliche Folgen des Klimawandels für kommende Generationen und dadurch die Erzeugung eines gewissen Pflichtbewusstseins diesen gegenüber, wird hierbei gern als Argument verwendet. Zusätzlich wird von den Medien verstärkt ab Mitte der 2000er Jahre die persönliche Verantwortung der Konsumenten unserem Klima gegenüber propagiert. Bei beiden Aspekten spielen Metaphern und Metonymien eine wichtige Rolle.

Neben der Hauptdebatte zum Klimawandel werden auch andere Aspekte diskutiert, wie zum Beispiel, ob der Veränderung des Klimas nicht auch positive Folgen haben kann. Diese Meinung wird zwar selten wirklich ernst vertreten, kommt aber durchaus vor. Der Großteil der Gesellschaft ist sich nach wie vor sicher, dass der Klimawandel negative Konsequenzen haben wird. Die weitaus relevantere Frage, die daher diskutiert wird, ist, ob Klimaschutzmaßnahmen wirklich sinnvoll sind, oder ob sich der Mensch als intelligentes Wesen nicht lieber an diese Veränderung anpassen sollte.

Wie auch bei anderen Themen, die derart präsent in den Medien vertreten sind, lässt sich auch bei der Berichterstattung zum Klimawandel ein gewisser Grad an Themenverdrossenheit beobachten. Durch die schiere Menge an Berichten auf einen langen Zeitraum macht sich ein Übersättigungseffekt bemerkbar. Ein Teil der Menschen will nichts mehr von dem Thema wissen und versucht so sogar, dieses zu vermeiden. Hinzu kommt außerdem, dass sich der Klimawandel als politisches Thema zum Ende seiner Politisierung hin zum

Stillstand gekommen ist, was ebenso eine gewisse Verdrossenheit diesem Thema gegenüber ausmacht.

Bezüglich der ursprünglichen Fragestellung kann man sagen, dass Medien definitiv eine meinungsbeeinflussende Wirkung zum Thema Klimawandel auf Nutzer haben können, allerdings lässt sich kaum eindeutig feststellen, wie stark diese Beeinflussung ist, da jeder Mensch unterschiedlich auf mediale Beiträge reagiert und viele weitere Faktoren eine große Rolle bei der Meinungsbildung spielen. Gerade die in der Berichterstattung aufrechterhaltene Kontroverse sorgt vor allem auch dafür, dass das Thema Klimawandel in dem Gedächtnis der Gesellschaft verankert bleibt, wodurch ein Großteil der Öffentlichkeit zumindest über ein Basiswissen zu diesem Thema verfügt. Dies allein zeugt schon von einem gewissen Grad der medialen Beeinflussung. Besonders die Pluralität der verschiedenen Beiträge führt durch die unterschiedliche individuelle Nutzung dieser zu abweichenden Meinungen in der Gesellschaft, wodurch eine Beeinflussung sowohl in Richtung der Klimaschutz-Position, als auch der Klimaskeptiker-Position in unterschiedlichen Bereichen der Gemeinschaft stattfindet.

Abschließend lässt sich sagen, dass der Themenbereich mediale Meinungsbeeinflussung zum Thema Klimawandel ein breites Spektrum an Aspekten abdeckt, die in dieser Arbeit teilweise nur oberflächlich oder auch gar nicht behandelt werden, da sie sonst den Rahmen ebendieser sprengen würden. Der Antrieb dieses Textes ist vor allem ein gewisses Interesse des Themas gegenüber und so behandle ich einige Punkte ausführlicher als andere, da ich diese als besonders interessant empfinde. Ich persönlich bin davon überzeugt, dass die Berichterstattung über den Klimawandel einen wichtigen Beitrag der Wissenschaftskommunikation zum Wissenschaftsverständnis darstellt.

5. <u>Literaturverzeichnis</u>

Arlt, D., Hoppe, I. & Wolling, J. (2010). Klimawandel und Mediennutzung: Wirkungen auf Problembewusstsein und Handlungsabsichten [Elektronische Version]. *M&K Medien & Kommunikationswissenschaft, 58*(1), 3-25.

Bechmann, G. & Beck, S. (1997). Zur gesellschaftlichen Wahrnehmung des anthropogenen Klimawandels und seinen möglichen Folgen [Elektronische Version]. In J. Kopfmüller, R. Coenen (Hrsg.): *Risiko Klima: Der Treibhauseffekt als Herausforderung für Wissenschaft und Politik* (S.119 – 157). Frankfurt am Main: Campus Verlag.

Boykoff, M. T. & Boykoff, J. M. (2004). Balance as bias: global warming and the US prestige press [Electronic version]. *Global Environmental Change, 14*(2), 125-136.

Brunnengräber, A. (2013). *Klimaskeptiker in Deutschland und ihr Kampf gegen die Energiewende.* Verfügbar unter
https://refubium.fu-berlin.de/bitstream/handle/fub188/20150/FFU-Report_Achim_Brunnengraeber_endgueltige_Version.pdf?sequence=1 [August, 2018]

Brüggemann, M., Neverla, I., Hoppe, I. & Walter, S. (2018). Klimawandel in den Medien [Elektronische Version]. In H. v. Storch, I. Meinke & M. Claußen (Hrsg.): *Hamburger Klimabericht: Wissen über Klima, Klimawandel und Auswirkungen in Hamburg und Norddeutschland* (S.244 – 255). Heidelberg: Springer Verlag.

Edelman, M. (1988). Die Erzeugung und Verwendung sozialer Probleme [Elektronische Version]. *Journal für Sozialforschung, 28*(2), 175-192.

Jäckel, M. (2012). *Medienwirkungen kompakt: Einführung in ein dynamisches Forschungsfeld* [Elektronische Version]. Heidelberg: Springer Verlag.

Kuhlmann, C., Schumann, C. & Wolling, J. (2014). „Ich will davon nichts mehr sehen und hören!": Exploration des Phänomens Themenverdrossenheit [Elektronische Version]. *M&K Medien und Kommunikationswissenschaft, 62*(1), 5-24.

Lembcke, F. (2012). *Kalkül versus Katastrophe: Die Kommunikation des Klimawandels* [Elektronische Version]. Heidelberg: Springer Verlag.

Mikos, L. (2007). Distinktionsgewinne: Diskurse mit und über Medien [Elektronische Version]. In J. Fromme & B. Schäffer (Hrsg.): *Medien – Macht – Gesellschaft* (S. 45-60). Wiesbaden: VS Verlag für Sozialwissenschaften.

Schulze, G. (1995). Das Medienspiel. In S. Müller-Doohm & K. Neumann-Braun (Hrsg.): *Kulturinszenierungen* (S. 363 – 378). Frankfurt am Main: Suhrkamp.

Taddicken, M. & Neverla, I. (2011). Klimawandel aus Sicht der Mediennutzer: Multifaktorielles Wirkungsmodell der Medienerfahrung zur komplexen Wissensdomäne Klimawandel [Elektronische Version]. *M&K Medien und Kommunikationswissenschaft, 59*(4), 505-525.

Tereick, J. (2011). YouTube als Diskurs-Plattform: Herausforderungen an die Diskurslinguistik am Beispiel „Klimawandel" [Elektronische Version]. *Hamburger Hefte zur Medienkultur, 12*, 59-68.

Tereick, J. (2016). *Klimawandel im Diskurs: Multimodale Diskursanalyse crossmedialer Korpora* (Vol. 13) [Elektronische Version]. Berlin: De Gruyter.